AF297838

Nous nous réservons le droit de traduire ou de faire traduire cet ouvrage en toutes langues. Nous poursuivrons conformément à la loi et en vertu des traités internationaux toute contrefaçon ou traduction faite au mépris de nos droits.

Le dépôt légal de cet ouvrage a été fait en temps utile, et toutes les formalités prescrites par les traités sont remplies dans les divers Etats avec lesquels il existe des conventions littéraires.

Tout exemplaire du présent ouvrage qui ne porterait pas, comme ci-dessous, notre griffe, sera réputé contrefait, et les fabricants et les débitants de ces exemplaires seront poursuivis conformément à la loi.

TABLE DES PLANCHES (1).

1° LOCOMOTIVES. 6 planches cotées contenant 59 figures représentant les types des divers pays, ces planches sont numérotées : pl. I, II, III, XX, XXI, XXII.

2° MACHINES A VAPEUR FIXES. 8 planches contenant 107 figures représentant les différents types, ces planches portent les nos XXVIII, XXVIII, XXIX, XXX, XXXI, XXXII, CXIV, et CLIX.

3° MACHINES. LOCOMOBILES. 7 planches contenant 57 figures représentant les types des différents pays, ces planches sont numérotées XCV, XCVI, XCVII, XCVIII, XCIX, CLX, CLXV.

4° Principaux systèmes de chaudière finie contenant 4 planches représentant 27 types divers, ces planches portent les nos XXXVII, XXXVIII, XXXIX et XL.

4° MACHINES A VAPEUR MARINES. 11 planches renfermant 50 figures. Ces planches portent les nos VIII, IX, XLII, XLIII, CLVII, CLVIII, CLIX, CLXI CLXII, CLXIII, CLXVII.

(1) Les planches ont toutes des numéros qui correspondent parfaitement avec leur texte mais dont les numéros d'ordre sont intervertis parce qu'elles appartiennent aux atlas de la Nouvelle Technologie ou au Génie Civil.

Paris. — Imprimerie et librairie de E. LACROIX, rue des Saints-Pères, 54.

BIBLIOTHÈQUE SCIENTIFIQUE-INDUSTRIELLE ET AGRICOLE

Des Arts et Métiers. XXIII

CONSTRUCTION ET CONDUITE

DES

MACHINES A VAPEUR

MACHINES

FIXES, DEMI-FIXES, LOCOMOBILES, LOCOMOTIVES

ET

MACHINES MARINES

AIDE-MÉMOIRE

DU MÉCANICIEN-CONSTRUCTEUR, DU CHAUFFEUR

ET DU

PROPRIÉTAIRE DE MACHINES A VAPEUR

PAR MM.

JULES **GAUDRY**, ingénieur civil et **A. ORTOLAN** mécanicien,
en chef de la flotte.

*Cet ouvrage est extrait des ANNALES DU GÉNIE CIVIL. Il est accompagné de notes
et de renseignements
puisés dans les différentes publications techniques publiées à l'étranger*

UN VOL. GR. IN-8, 250 PAGES DE CARACTÈRES COMPACTES AVEC 49 FIG. DANS
LE TEXTE ET UN ATLAS DE 36 PL. IN-F°.

PARIS

LIBRAIRIE SCIENTIFIQUE, INDUSTRIELLE ET AGRICOLE

Eugène **LACROIX**, Imprimeur-Éditeur

Libraire de la Société des Ingénieurs civils de France, de celle des anciens Élèves
des Écoles nationales d'Arts et Métiers, de la Société des Conducteurs des Ponts et Chaussées
de MM. les Mécaniciens de la Marine, etc., etc.

54, RUE DES SAINTS-PÈRES, 54

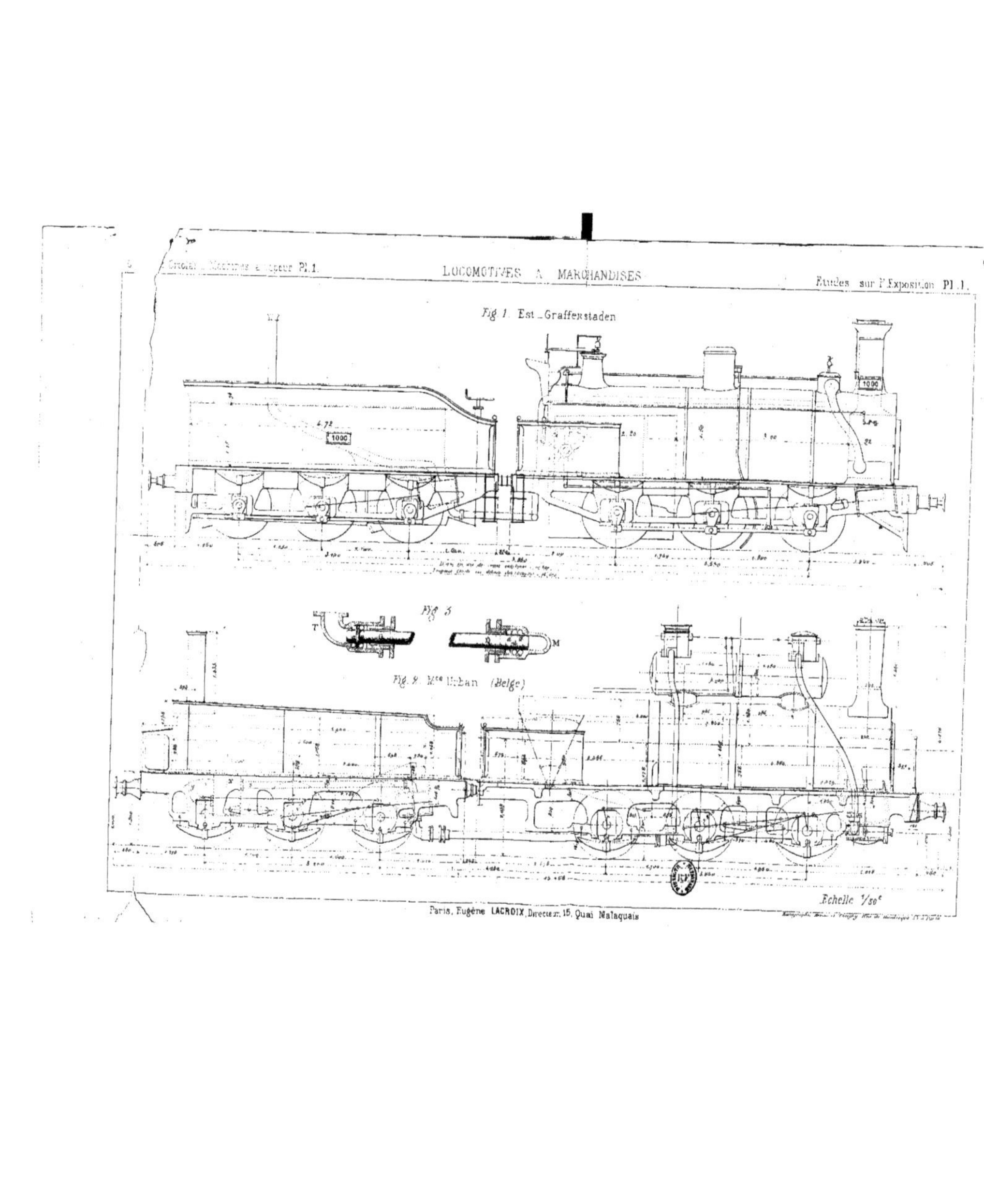

LOCOMOTIVES A MARCHANDISES
Etudes sur l'Exposition Pl.1.
Fig 1. Est _ Graffenstaden
Fig. 8. M^ce Urban (Belge)
Echelle 1/30^e
Paris, Eugène LACROIX, Directeur, 15, Quai Malaquais

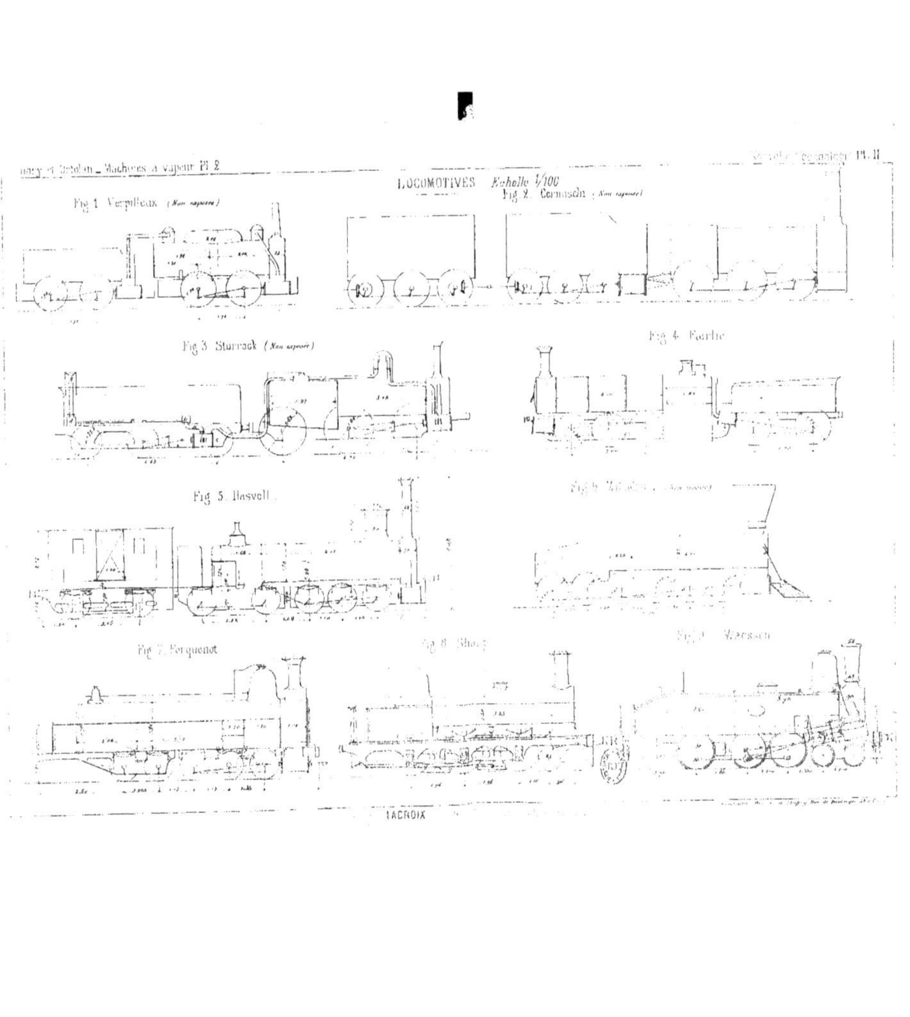
LOCOMOTIVES Echelle 1/100
Fig 1. Verpilleux (Non sapeuse)
Fig 2. Cermusch (Non sapeuse)
Fig 3. Sturrock (Non sapeuse)
Fig 4. Fourbe
Fig 5. Hasvell
Fig 7. Forquenot
Fig 8. Sharp
Fig 9. Meesson
LACROIX

LOCOMOTIVES *Echelle 1/100*

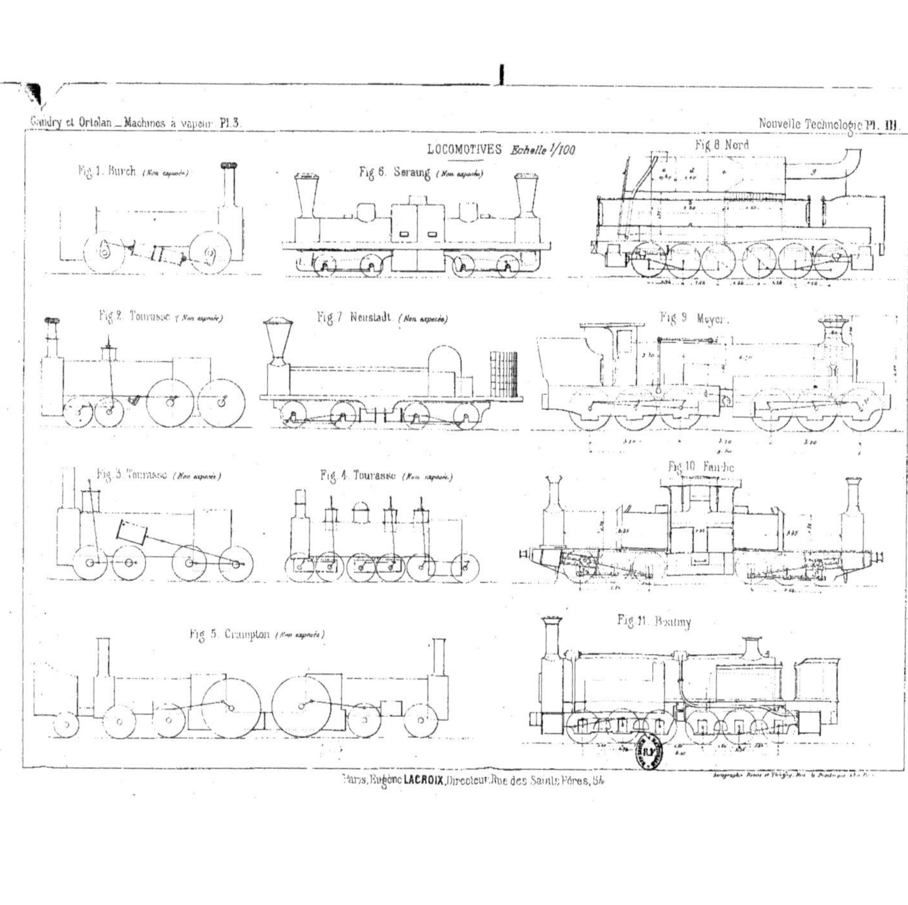

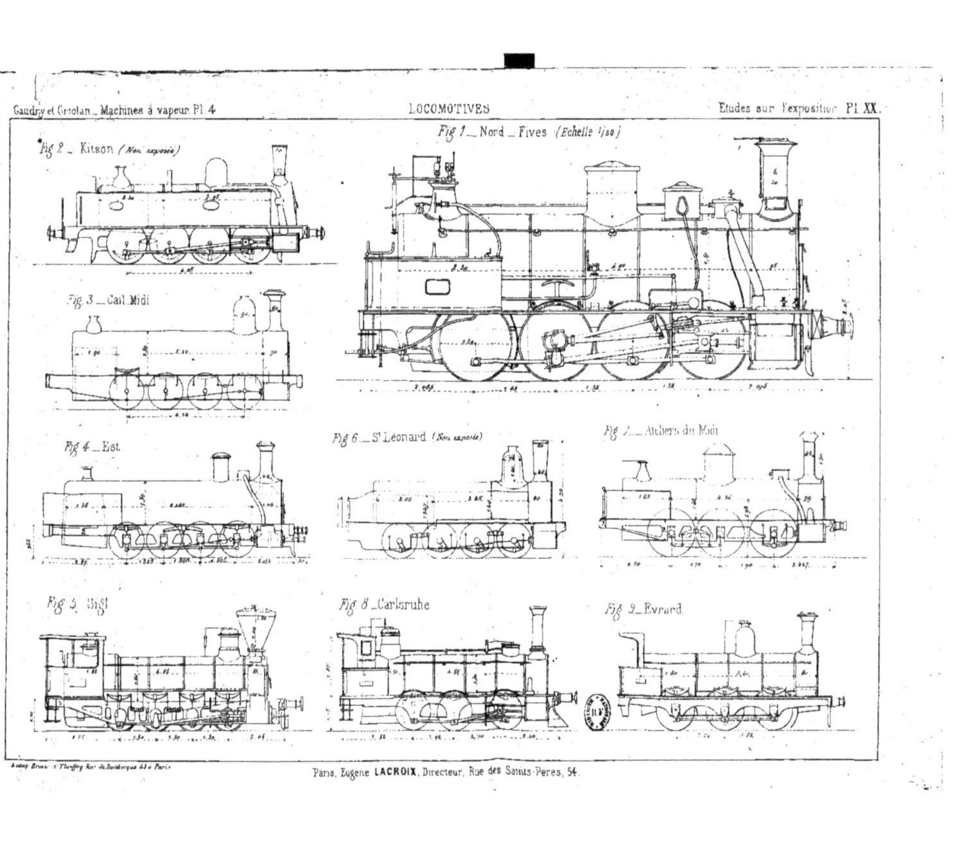
Fig 2 _ Kitson (Non exposée)
Fig 1 _ Nord _ Fives (Echelle 1/80)
Fig 3 _ Cail Midi
Fig 4 _ Est
Fig 6 _ St Léonard (Non exposée)
Fig 7 _ Ateliers du Midi
Fig 5 _ Sigl
Fig 8 _ Carlsruhe
Fig 9 _ Evrard

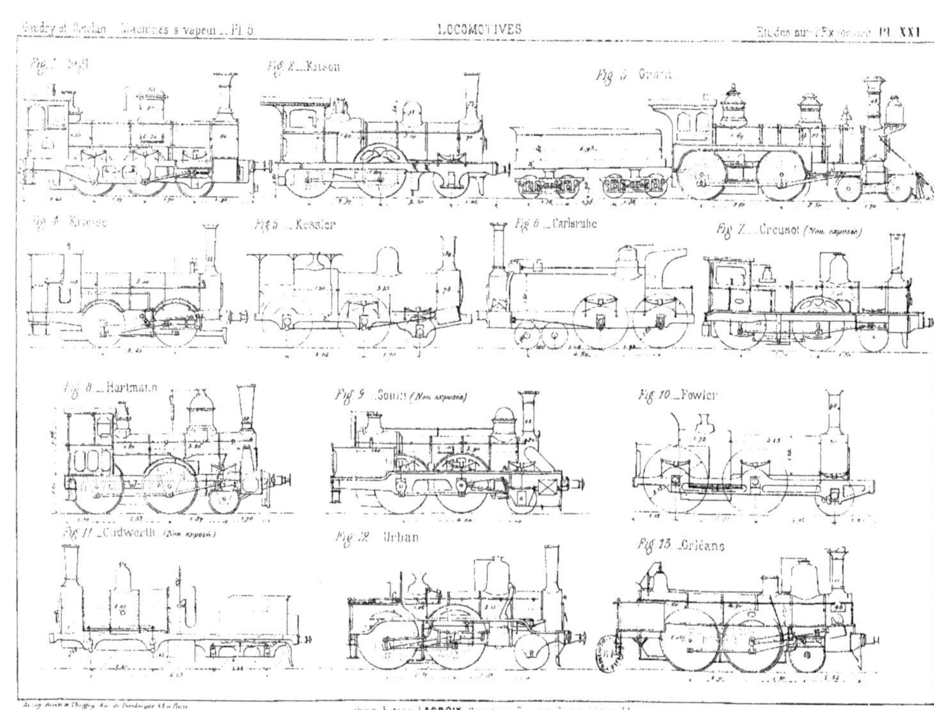
Fig 1 _ Beyer
Fig 2 _ Kitson
Fig 3 _ Grant
Fig 4 _ Kriege
Fig 5 _ Kessler
Fig 6 _ Carlsruhe
Fig 7 _ Creusot (Non exposée)
Fig 8 _ Hartmann
Fig 9 _ Somm (Non exposée)
Fig 10 _ Fowler
Fig 11 _ Cudworth (Non exposée)
Fig 12 _ Urban
Fig 13 _ Orléans

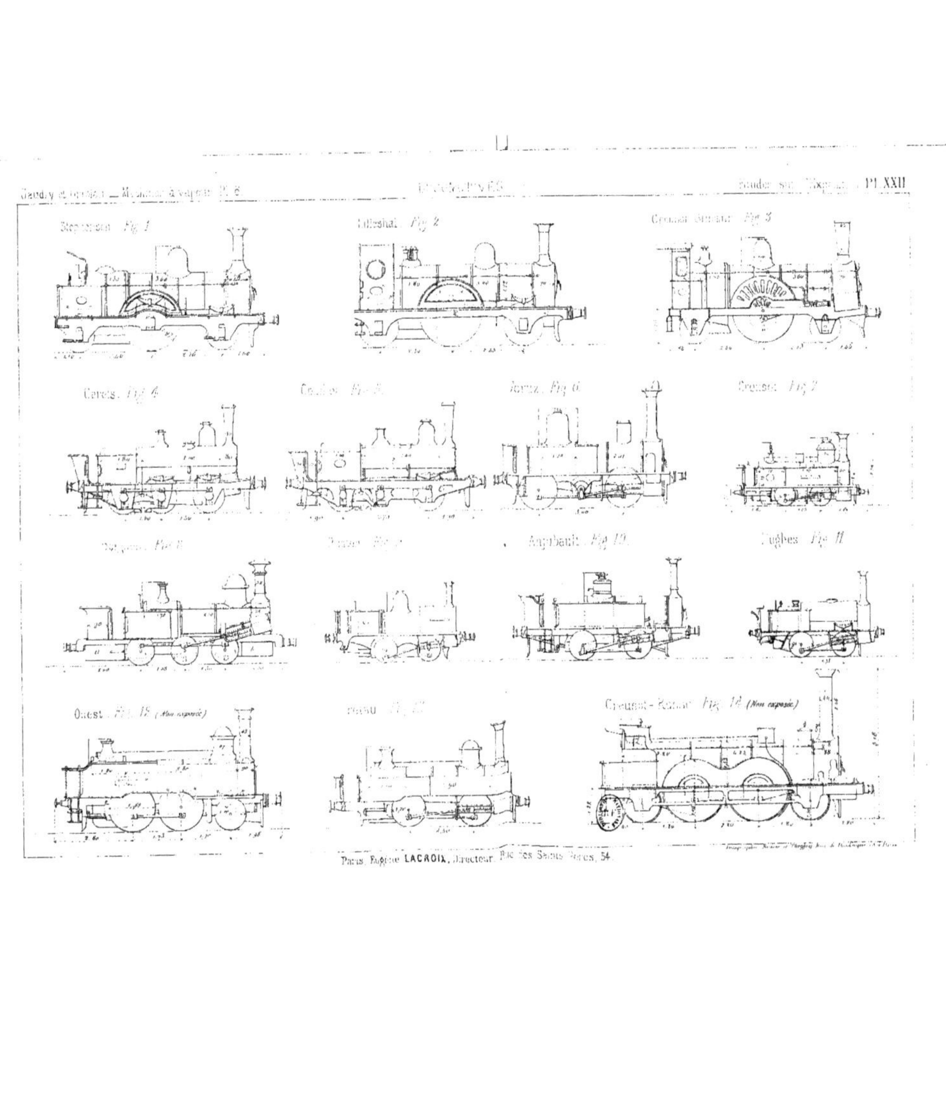
Stephenson. Fig. 1
Hilleshal. Fig. 2
Creusot-Bernard. Fig. 3
Caraïs. Fig. 4
Coulon. Fig. 5
Jomine. Fig. 6
Creusot. Fig. 7
Belgique. Fig. 8
Peruse. Fig. 9
Avonbach. Fig. 10
Engles. Fig. 11
Ouest. Fig. 12 (Non exposée)
Prusse. Fig. 13
Creusot-Benant. Fig. 14 (Non exposée)

MACHINE A VAPEUR LOCOMOBILE.
de M.ᵉ F. CALLA.

Fig. 1.

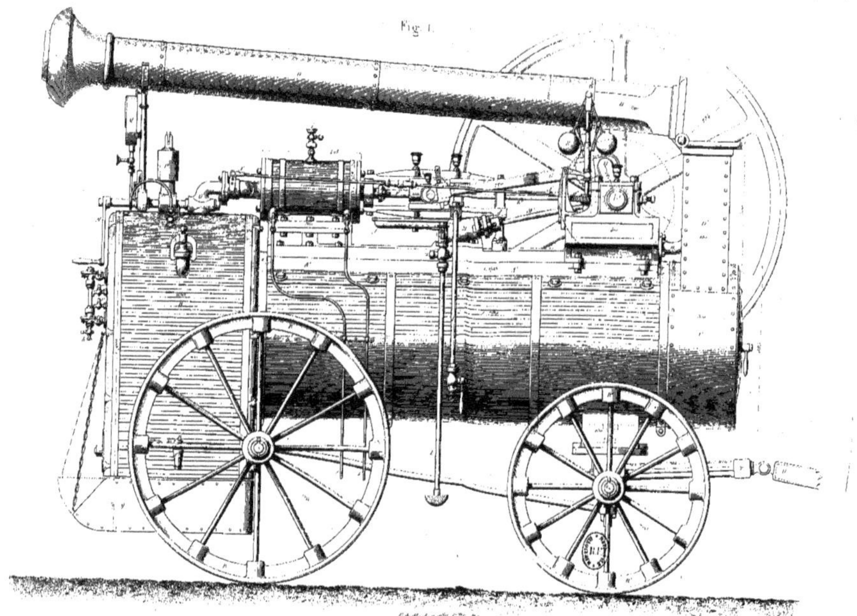

MACHINE A VAPEUR LOCOMOBILE

de M. F. CALLA

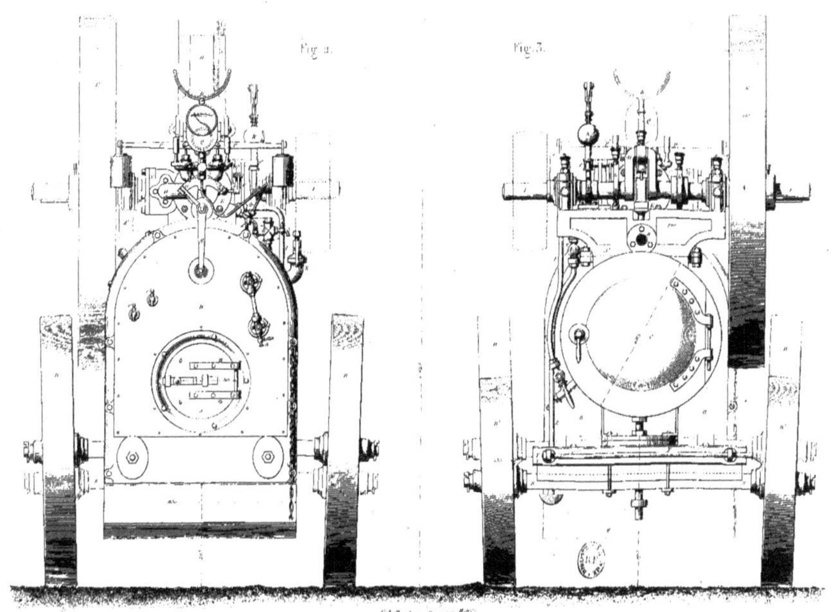

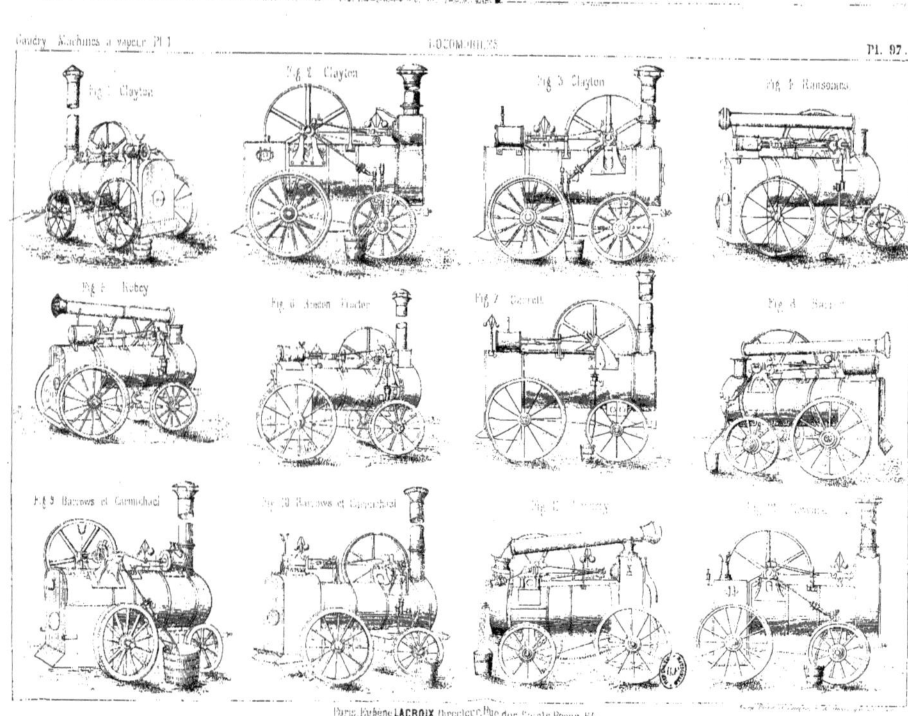

Paris. Eugène LACROIX, Directeur, Rue des Saints Pères, 54.

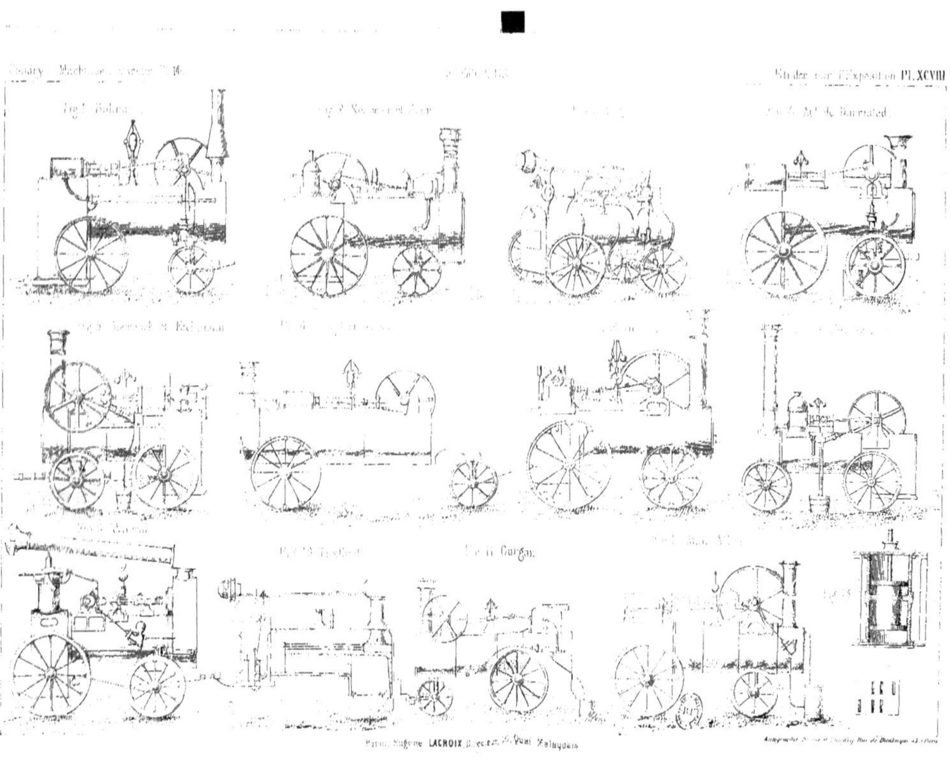

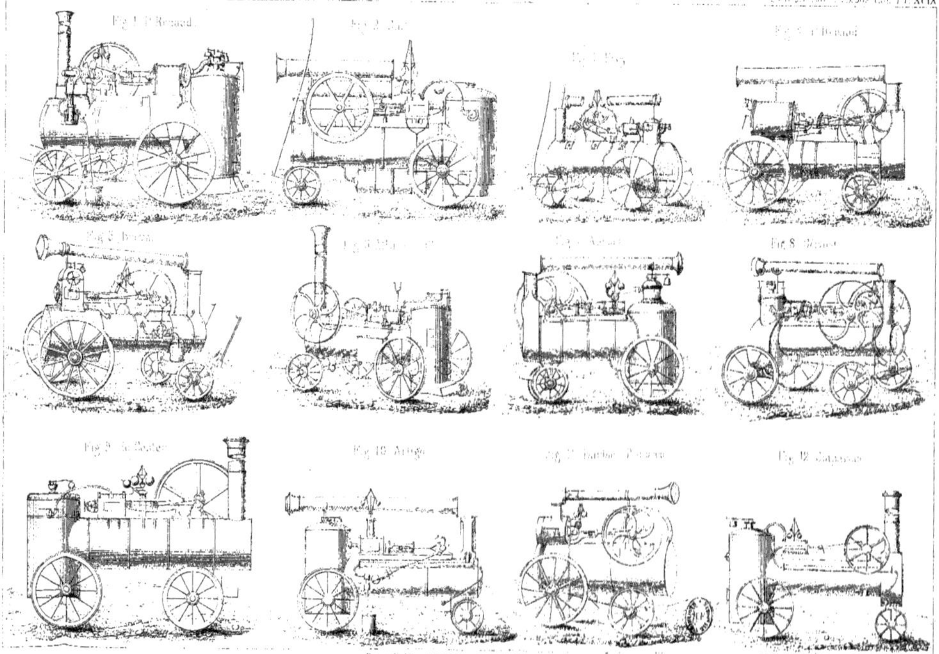

Fig. 1 P. Renard.   Fig. 2   Fig. 3   Fig. 4 P. Renard

Fig. 5   Fig. 6   Fig. 7   Fig. 8

Fig. 9   Fig. 10   Fig. 11   Fig. 12

Fig. 1.
DARREY.
Fig. 2.
ROUFFET.
Fig. 3.
VCHYLR ET LORDAU
Fig. 4.
HERMANN
ET GLOWER.

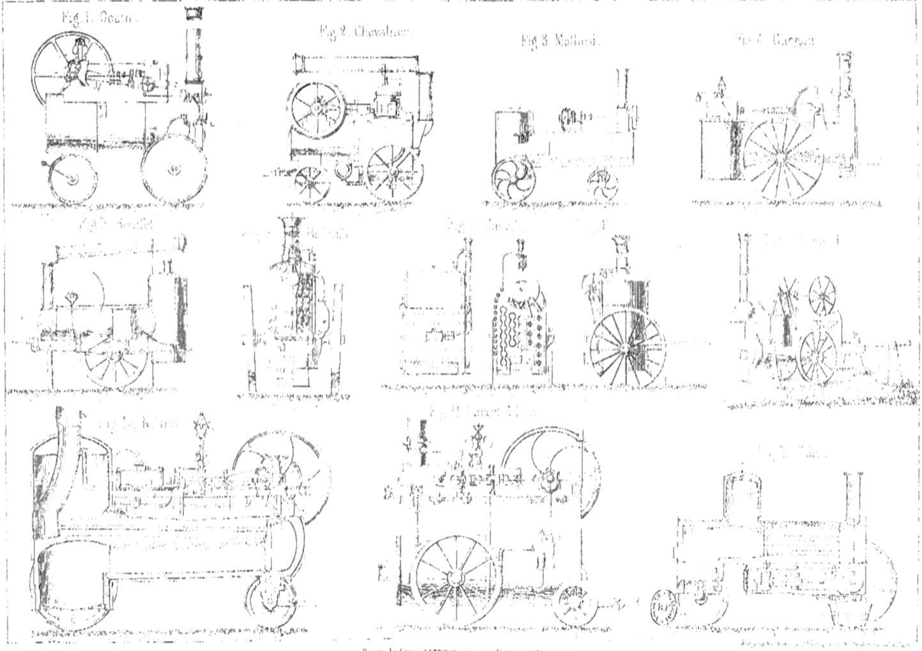

Fig. 1. Goutin.

Fig. 2. Chevalier.

Fig. 3. Mallard.

Fig. 4. Garnon.

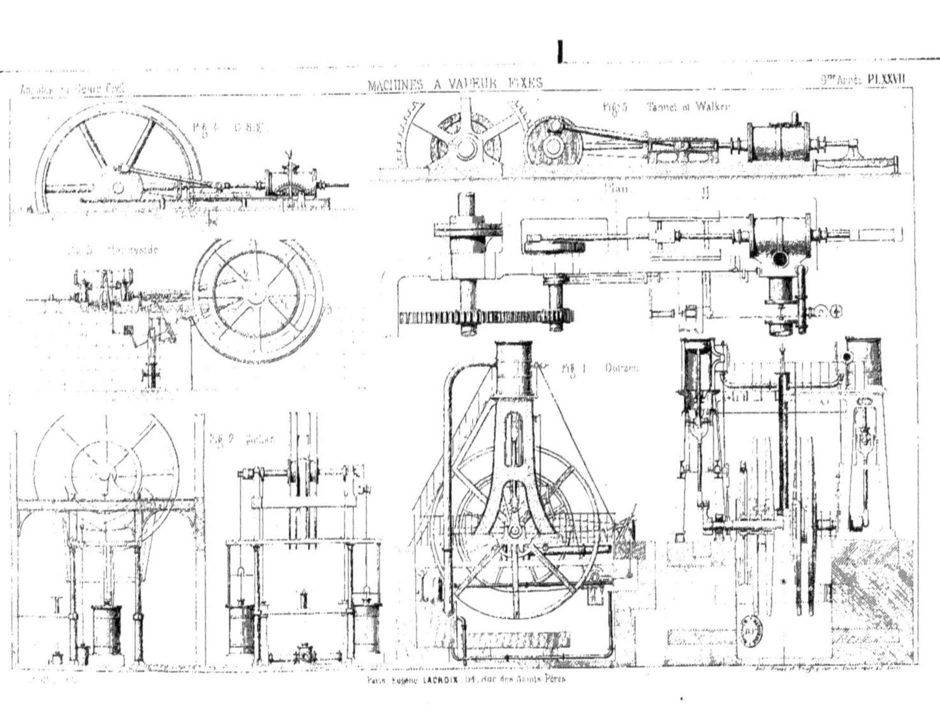
Fig. 5   Tannet et Walker
Plan
Fig. 1   Durzen
Fig. 2

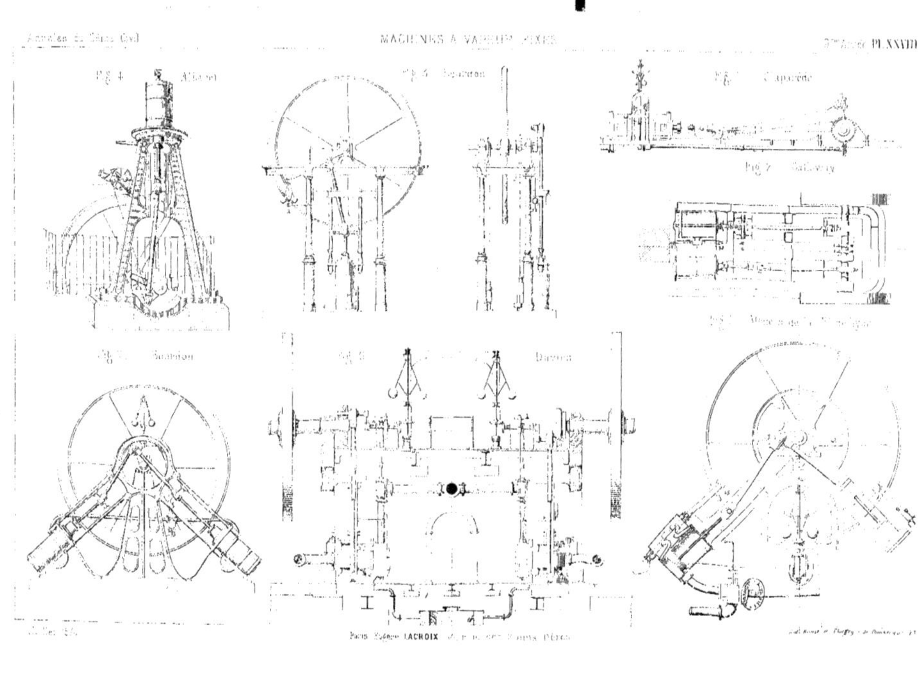
Fig. 4
Fig. 5
Fig. 6
Fig. 7
Fig. 8
Fig. 9

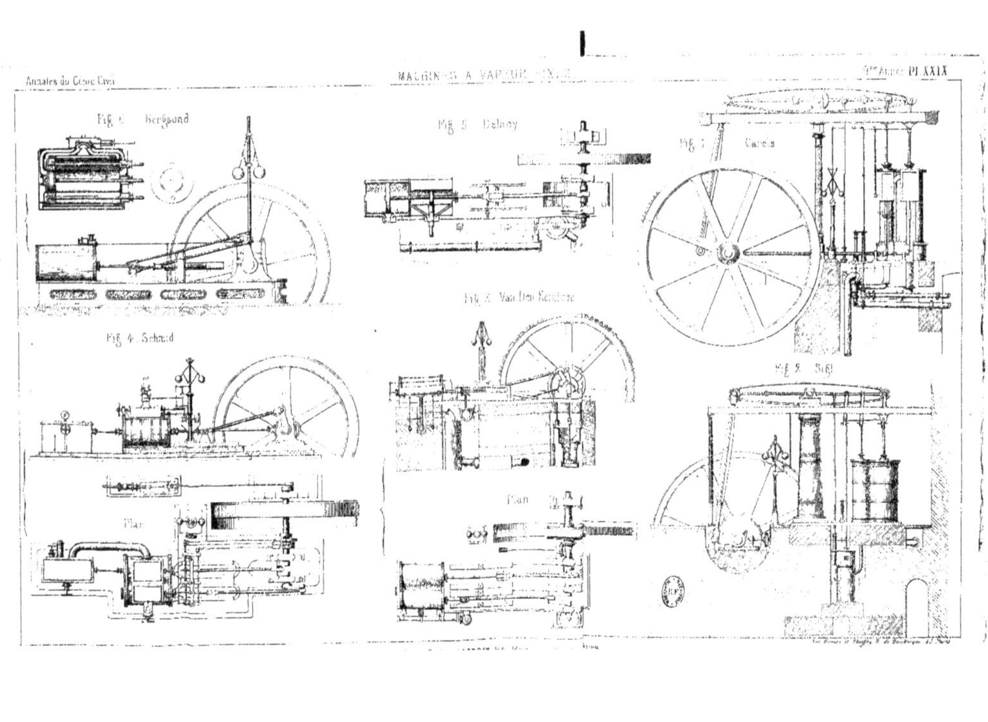

Fig. 6. Bergsund
Fig. 5. Delnuy
Fig. 7. Carels
Fig. 4. Schmid
Fig. 8. Van Den Kerchove
Fig. 9. Sigl
Plan

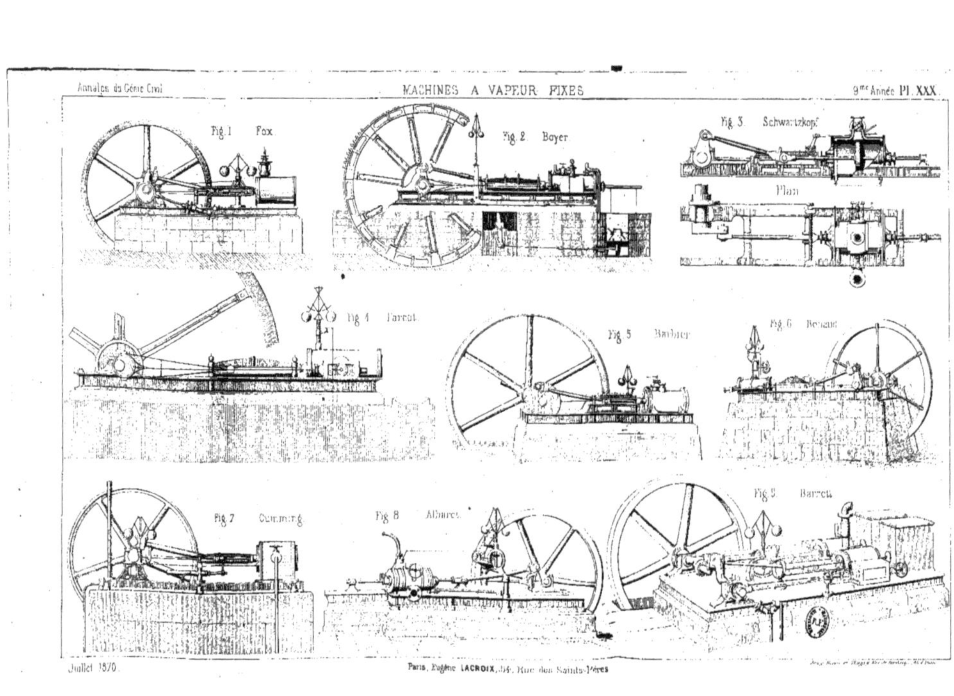
Fig. 1. Fox
Fig. 2. Boyer
Fig. 3. Schwartzkopf
Plan
Fig. 4. Farcot
Fig. 5. Barbier
Fig. 6. Renaud
Fig. 7. Cumming
Fig. 8. Albaret
Fig. 9. Barrett

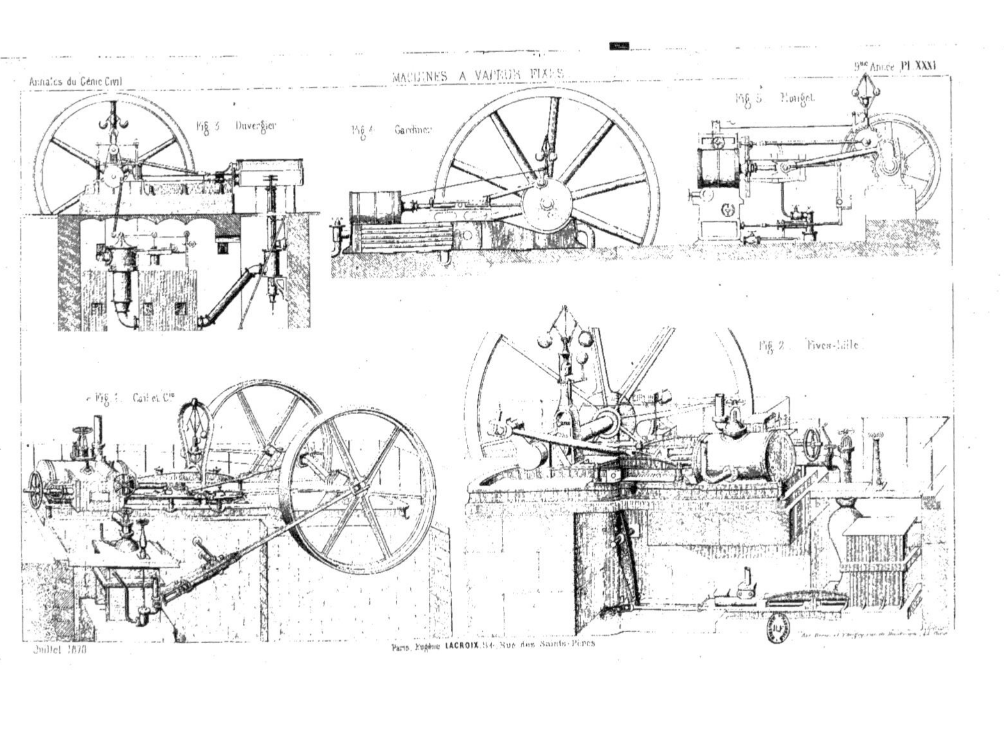
Fig. 3. Duvergier
Fig. 4. Gardner
Fig. 5. Rouget
Fig. 1. Cail et Cie
Fig. 2. Fives-Lille

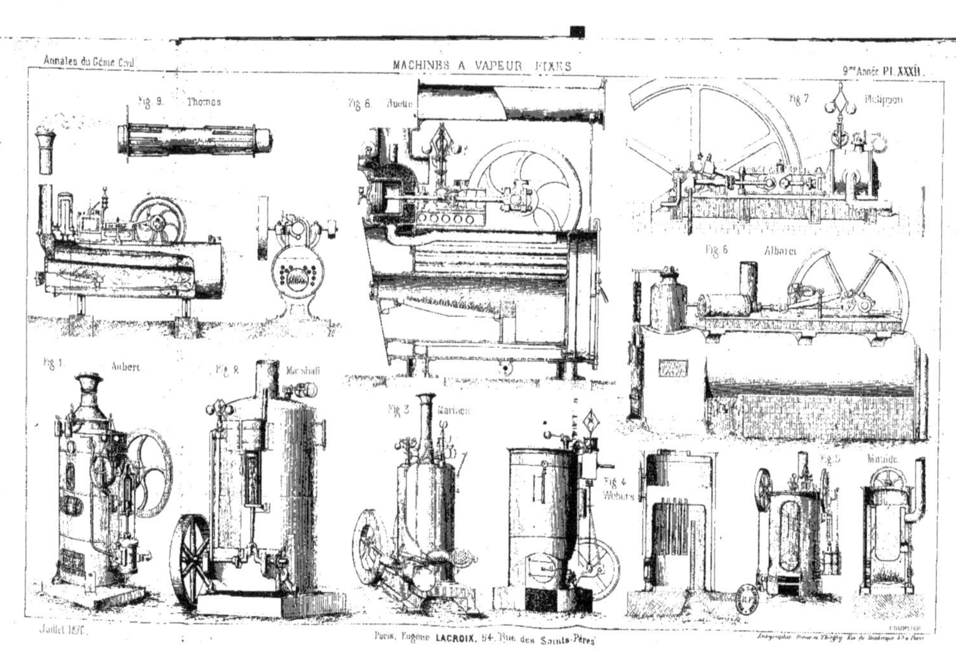

Fig. 9. Thomas
Fig. 6. Avette
Fig. 7. Philippon
Fig. 6. Albaret
Fig. 1. Aubert
Fig. 2. Marshall
Fig. 3. Mariscu
Fig. 4. Webars
Fig. 5. Marinde

Cheuvry — Machines à vapeur Pl. 24

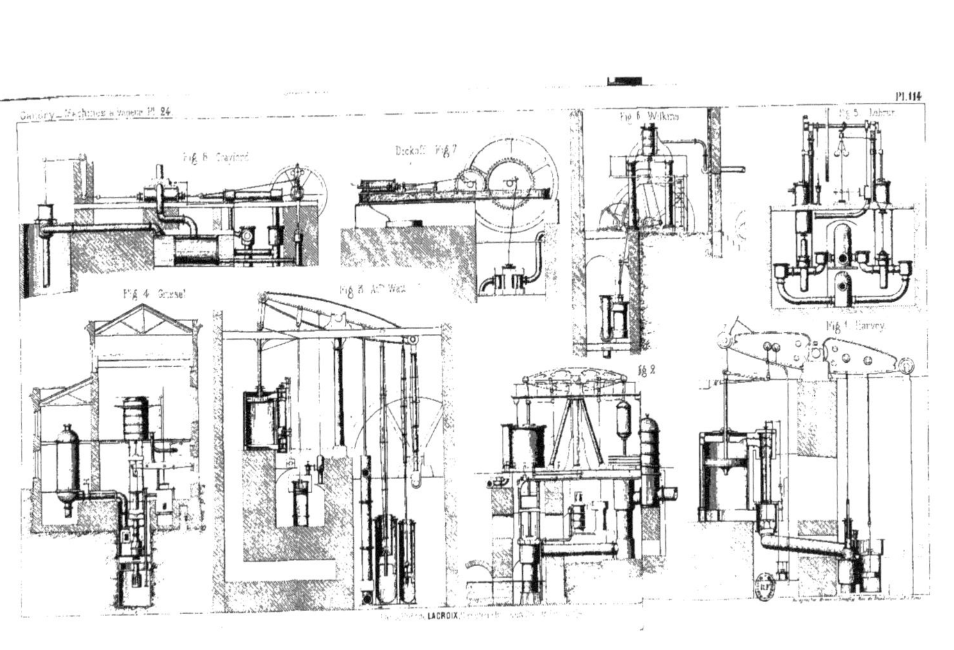

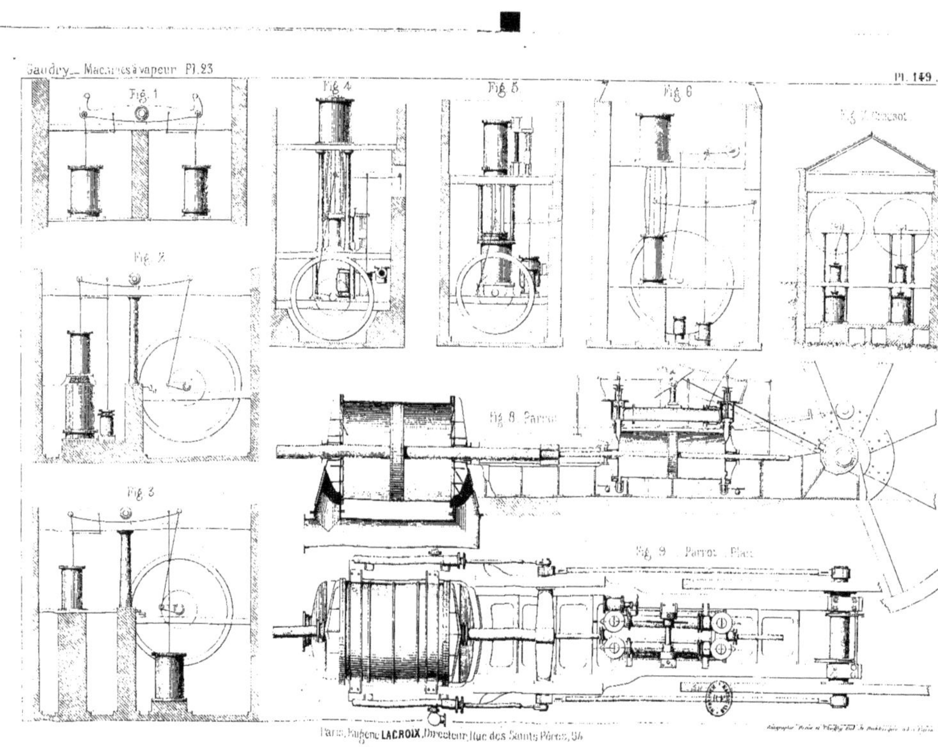

Fig. 1
Fig. 2
Fig. 3
Fig. 4
Fig. 5
Fig. 6
Fig. 8. Parrot
Fig. 9. Parrot

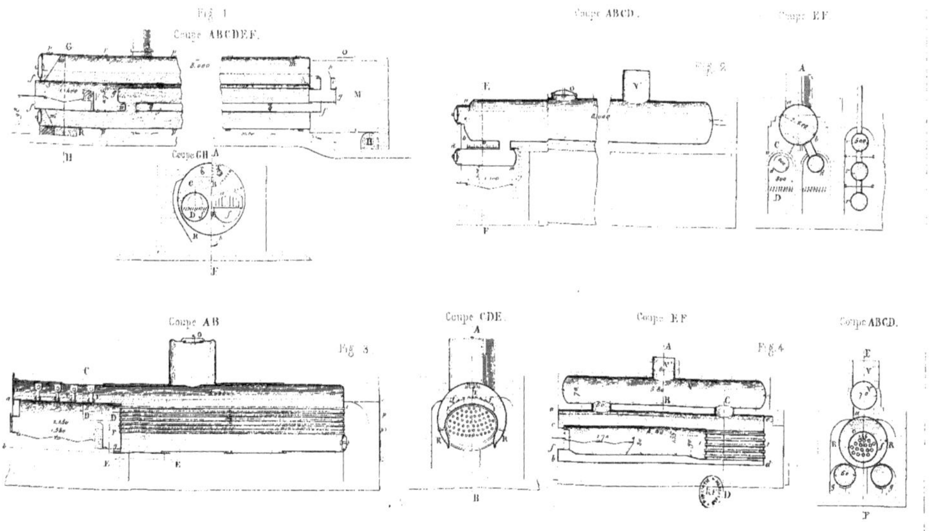

Fig. 1
Coupe ABCDEF.

Coupe GH.A

Coupe ABCD.

Coupe EF

Fig. 2

Coupe AB

Fig. 3

Coupe CDE.

Coupe EF

Fig. 4

Coupe ABCD.

Autog. Bevier et Thieffry R. de Dunkerque, 48 à Paris.

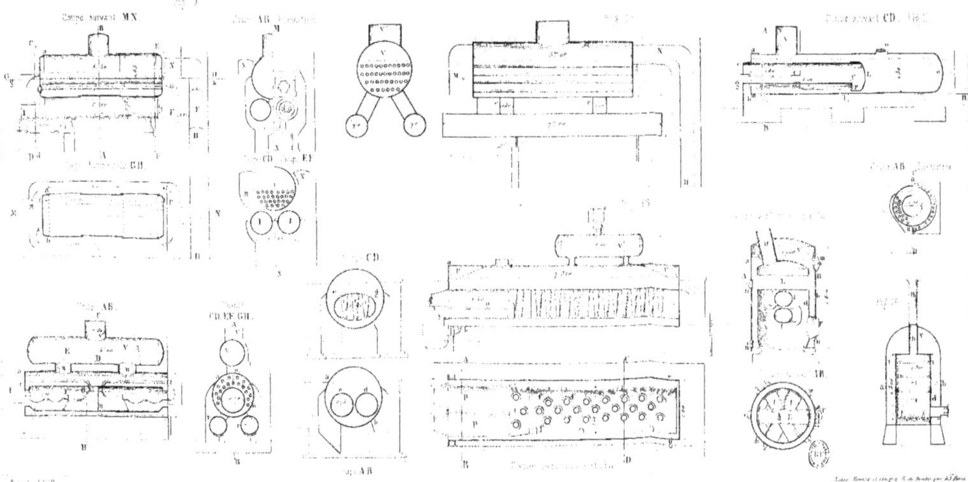

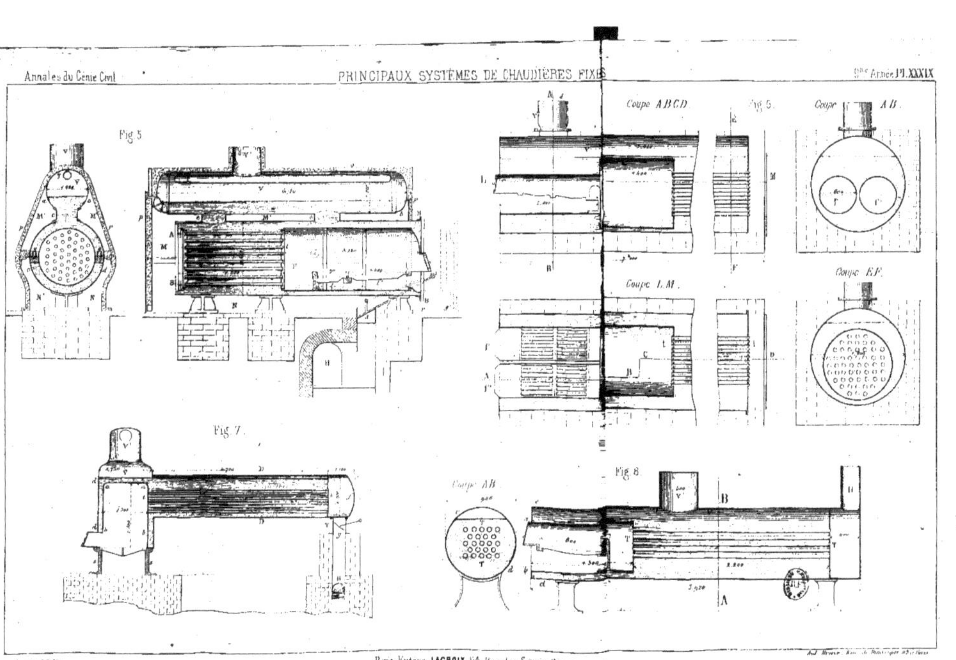

Fig 5
Fig 7
Fig 8
Coupe A.B.C.D.
Coupe L.M.
Coupe A B
Coupe E F
Coupe A B

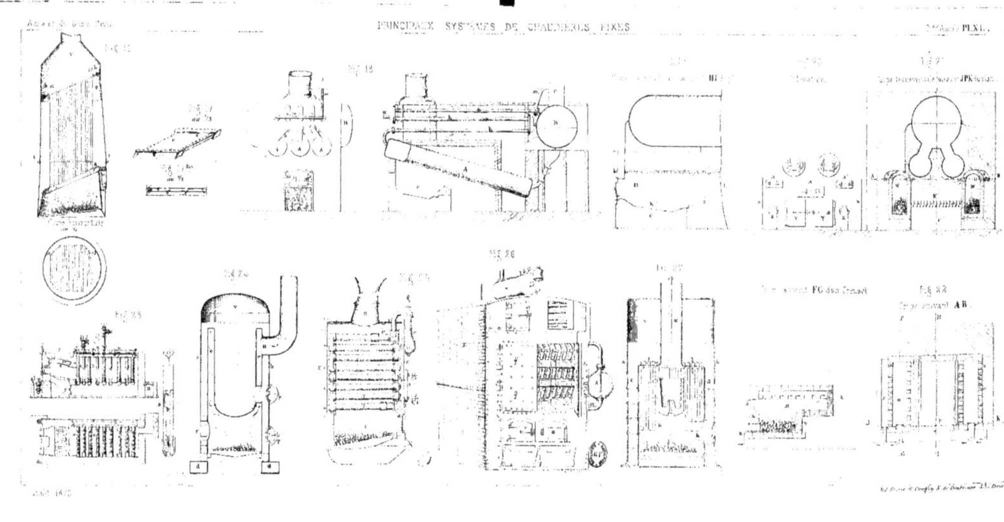

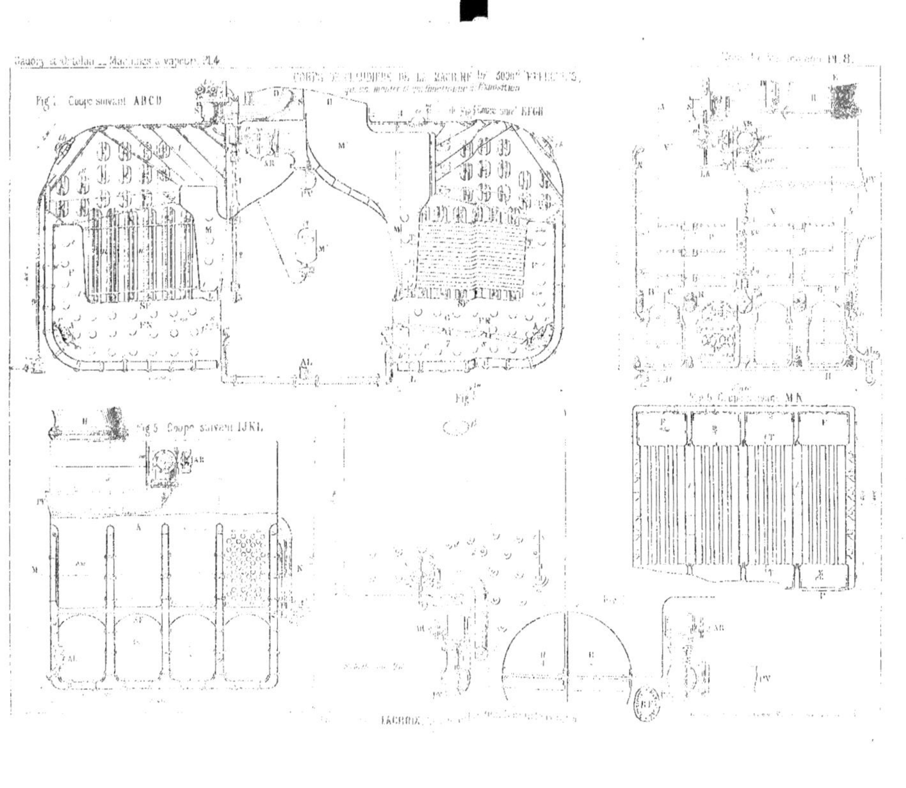

Gauchy et Ortolan — Machines à vapeur. Pl. 4
CORPS DE CHAUDIÈRES DE LA MACHINE DE 500ch EFFECTIFS,
Pl. 8.
Fig. 1 Coupe suivant ABCD
Coupe suivant EFGH
Fig. 3 Coupe suivant IJKL
Fig. 6 Coupe suivant MN
LACROIX

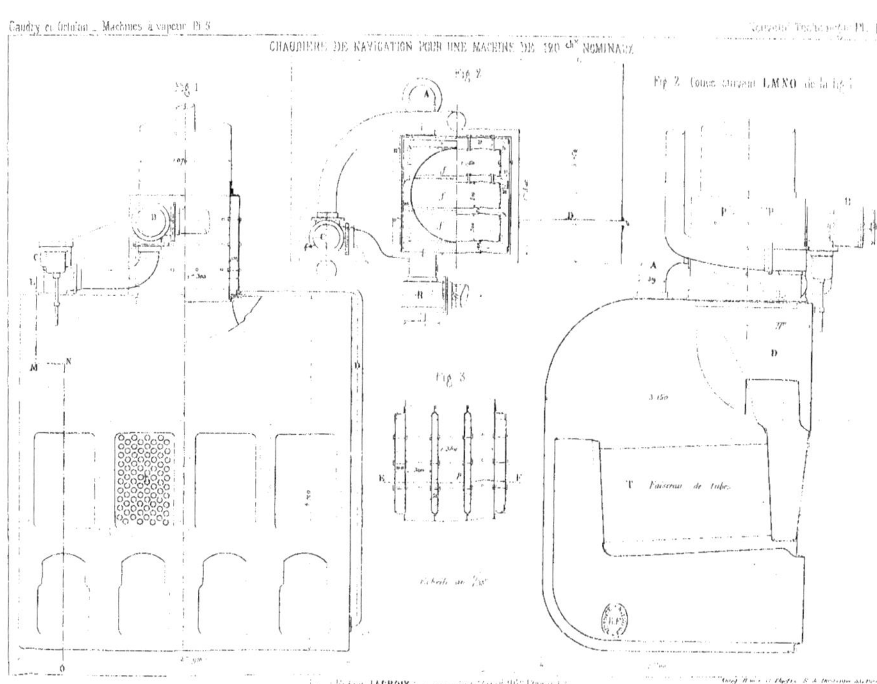
CHAUDIÈRE DE NAVIGATION POUR UNE MACHINE DE 120 ch. NOMINAUX
Fig 1
Fig 2
Fig 3 Coupe suivant LMNO de la fig 1
Fig 3
M N
O
T Faisceau de tubes

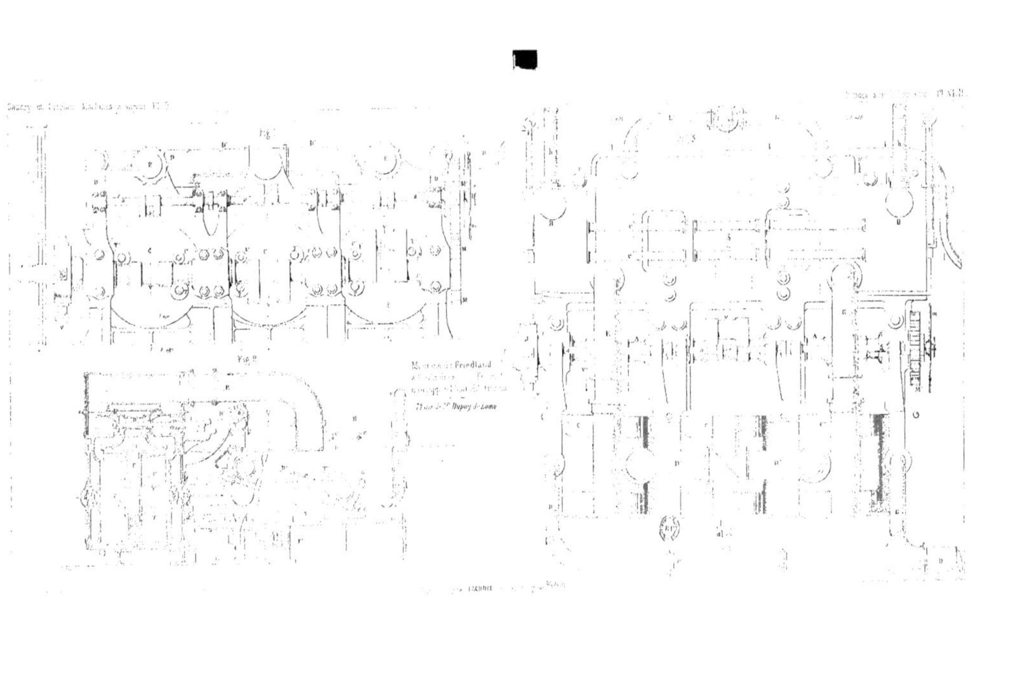

MACHINE POUR CHALOUPE À VAPEUR ET POUR BATEAU DE PLAISANCE
Plan du Bâti

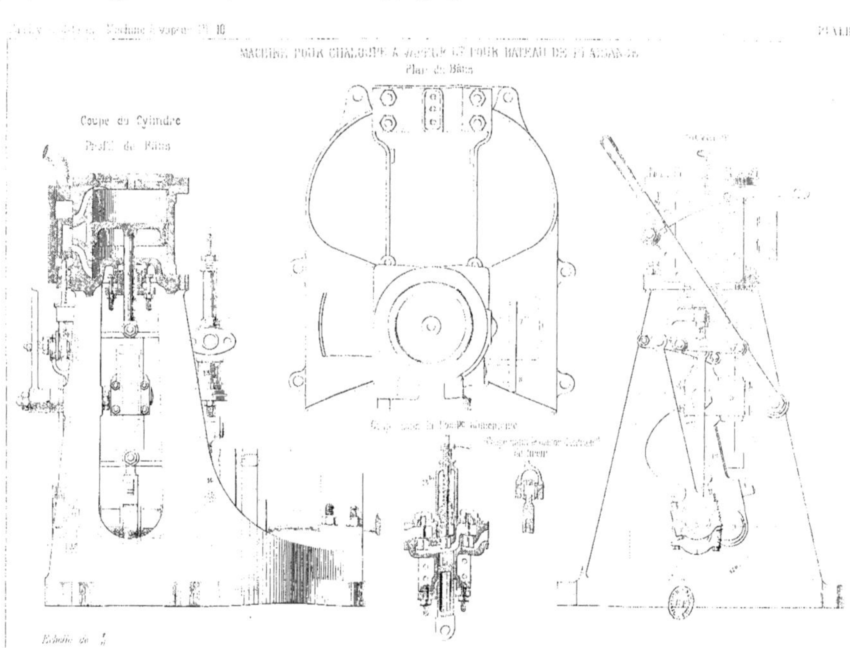

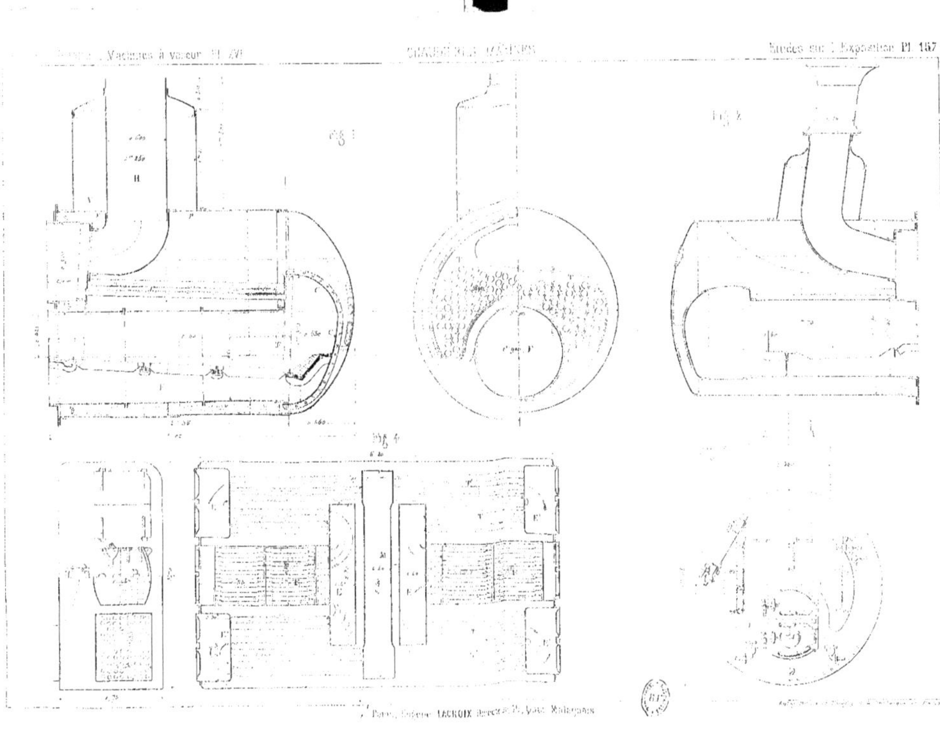
Fig. 3
Fig. 2
Fig. 4
H

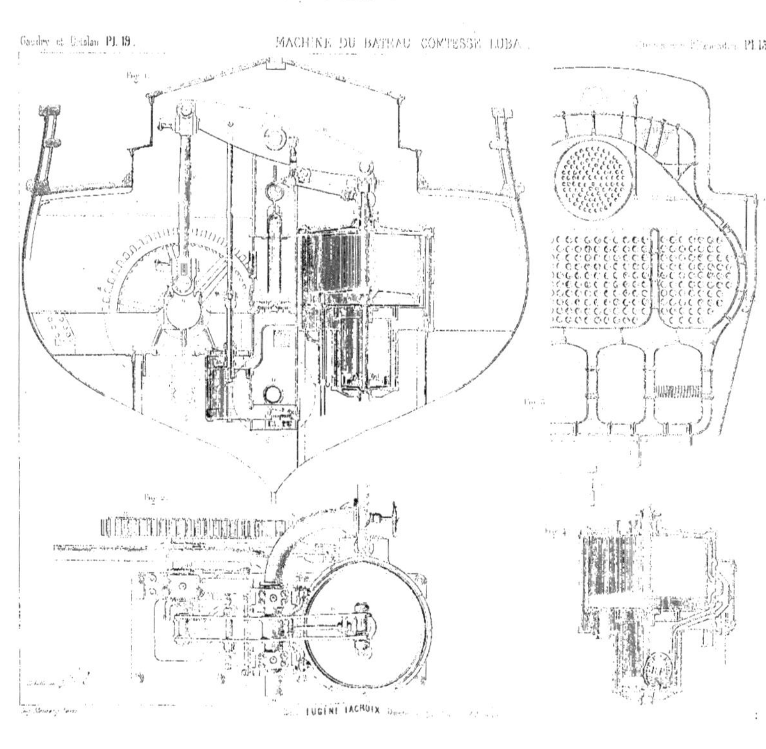
Fig. 1.
Fig. 2.
EUGÈNE LACROIX

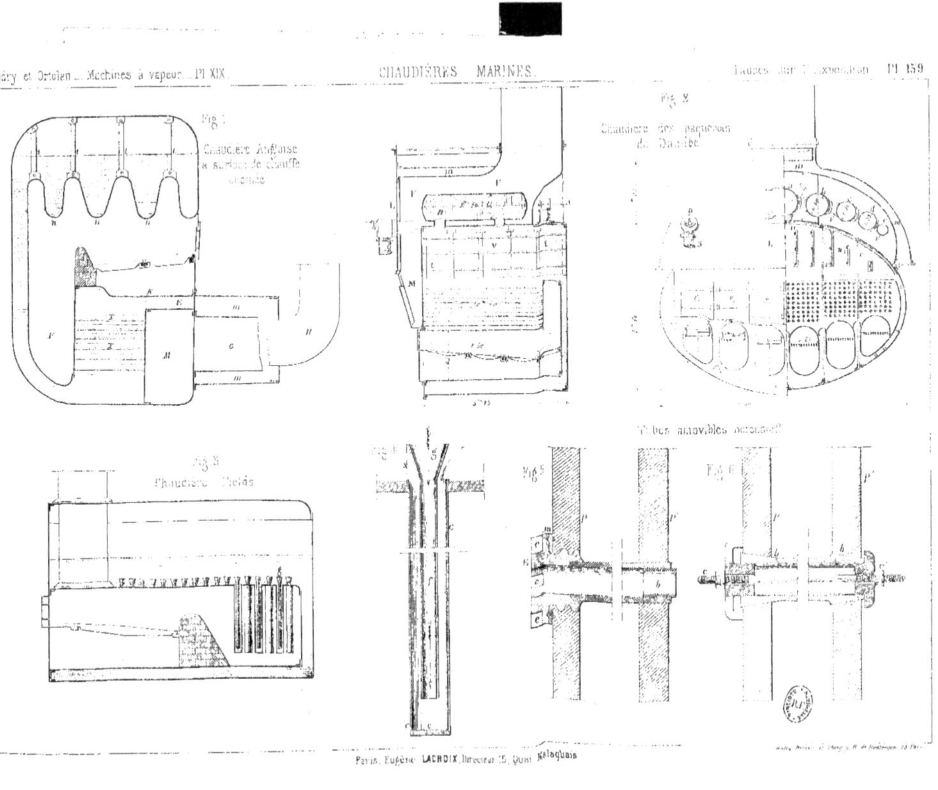
Fig. 1
Chaudière Anglaise
à surface de chauffe
accrue

Fig. 2
Chaudière des paquebots
du Danube

Tubes amovibles horizontaux

Fig. 3
Chaudière Field

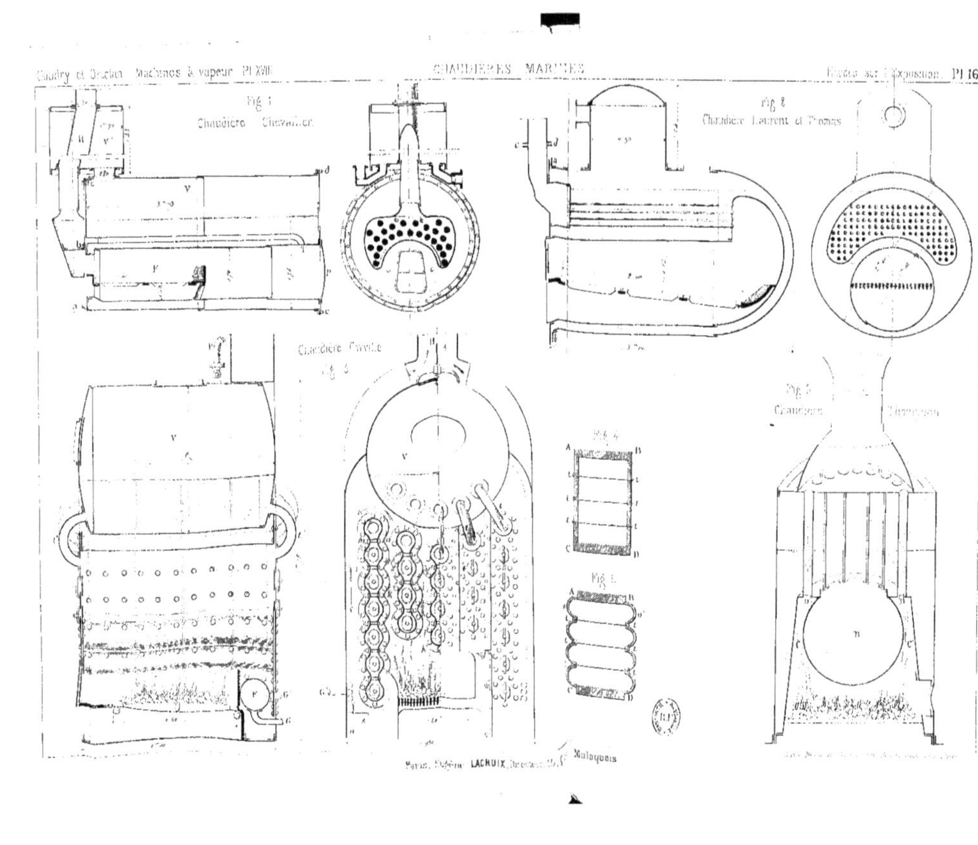
Fig. 1
Chaudière Chevallier
Fig. 2
Chaudière Laurent et Thomas
Chaudière d'aviso
Fig. 3
Fig. 4
Fig. 5
Fig. 6
Chaudière Lhuillier

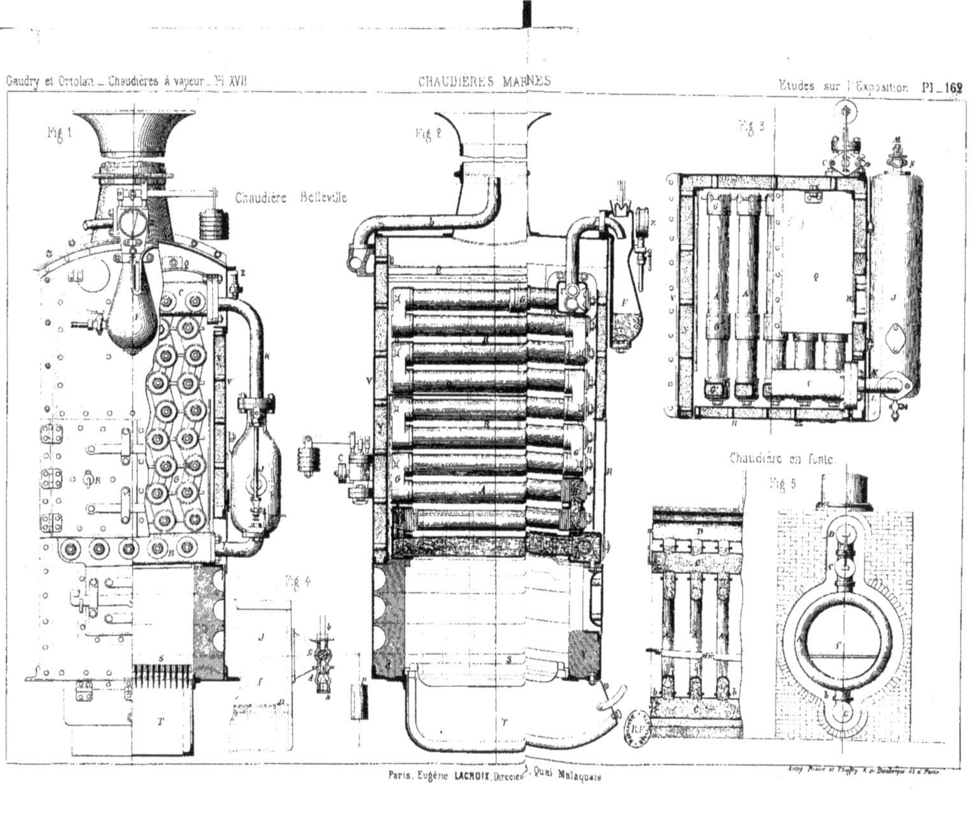
Fig 1
Chaudière Belleville
Fig 2
Fig 3
Chaudière en fonte.
Fig 5
Fig 4

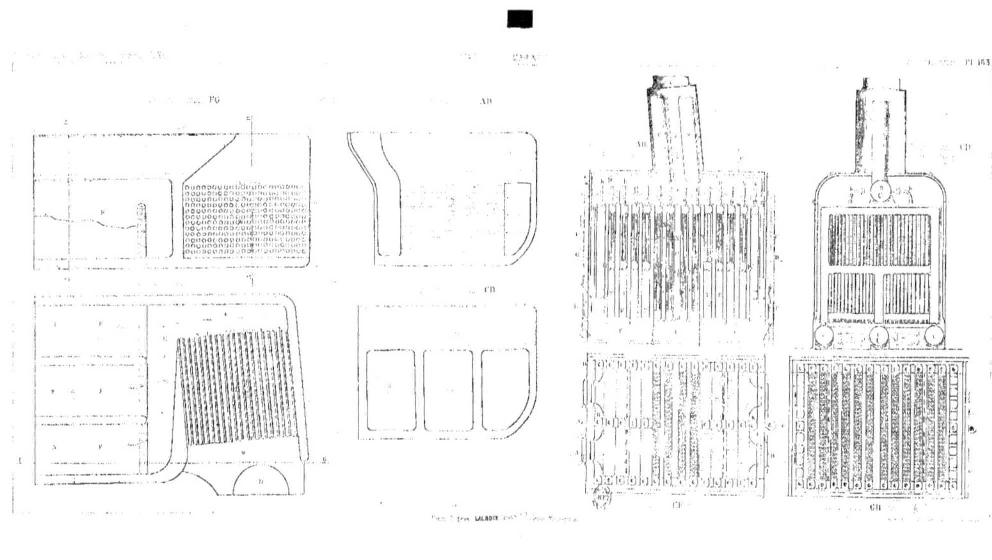

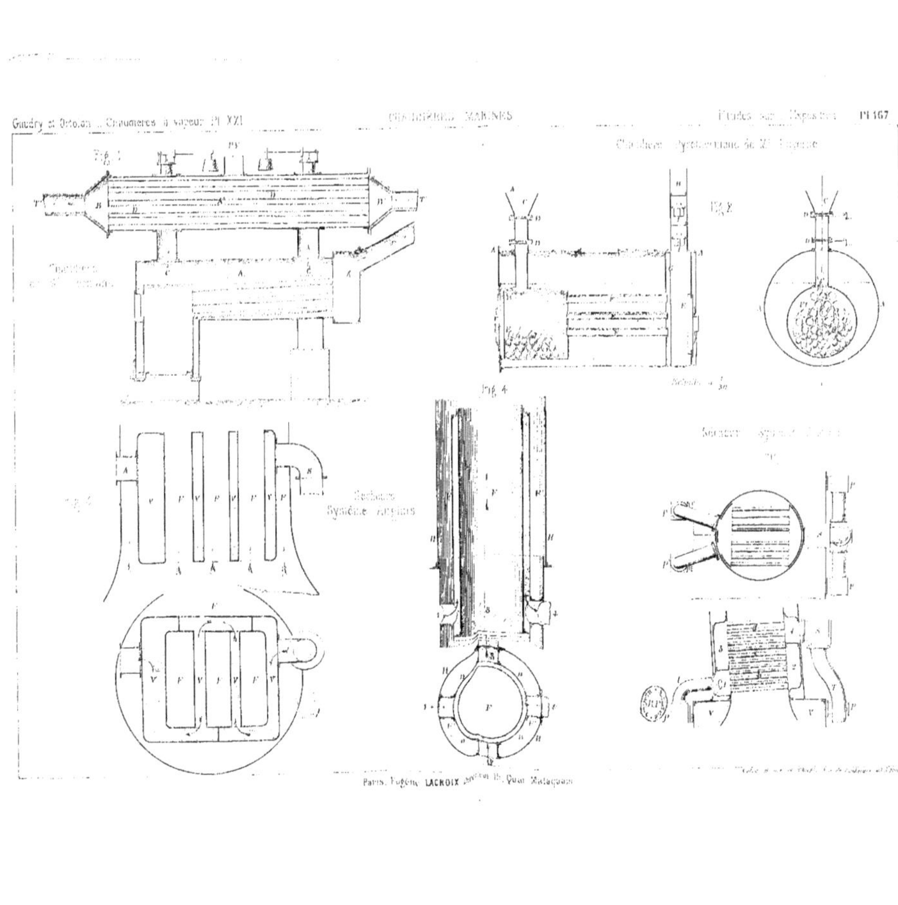

DESCRIPTION

D'UN

NAVIRE AÉRIEN

POUVANT SERVIR

A UNE LOCOMOTION ATMOSPHÉRIQUE

PAR

Robert COURTEMANCHE

Prix : 2 fr. 50

PARIS

LIBRAIRIE SCIENTIFIQUE, INDUSTRIELLE ET AGRICOLE

Eugène LACROIX, Imprimeur-Éditeur

Libraire de la Société des Ingénieurs civils de France, de celle des anciens Élèves
des Écoles nationales d'Arts et Métiers, de la Société des Conducteurs des Ponts et Chaussées
de MM. les Mécaniciens de la Marine nationale, etc., etc.

54, RUE DES SAINTS-PÈRES, 54

Imprimerie à Saint-Nicolas-de-Port (Meurthe)